qui suis-je?

# un mammifère

Texte de
Alexandra Parsons
Photographies originales de
Jerry Young
Illustrations de
Ruth Lindsay et Julie Anderson
Traduit de l'anglais par Marie Farré

Gallimard

Conseiller éditorial : Antoine Reille,
secrétaire général des journalistes pour la nature et l'écologie
Animaux photographiés prêtés par
Trevor Smith's Animal World

ISBN 2-07-031603-3


Dépôt légal septembre 1990 - N° d'édition 48497
Imprimé en Italie par A. Mondadori Editore, Verona

# Sommaire

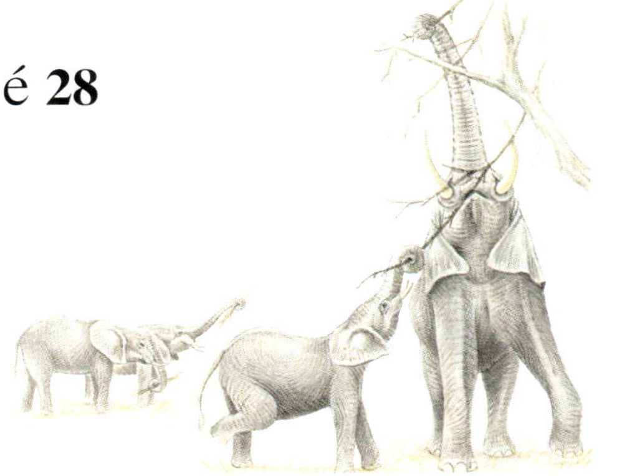

# Qu'est-ce qu'un mammifère ?

Tu es un mammifère. Les mammifères sont des animaux vertébrés, chauds au toucher parce qu'ils ont le sang chaud. Presque tous donnent naissance à des petits déjà formés. La mère les allaite.

*Tous les mammifères ont des poils, même les baleines.*

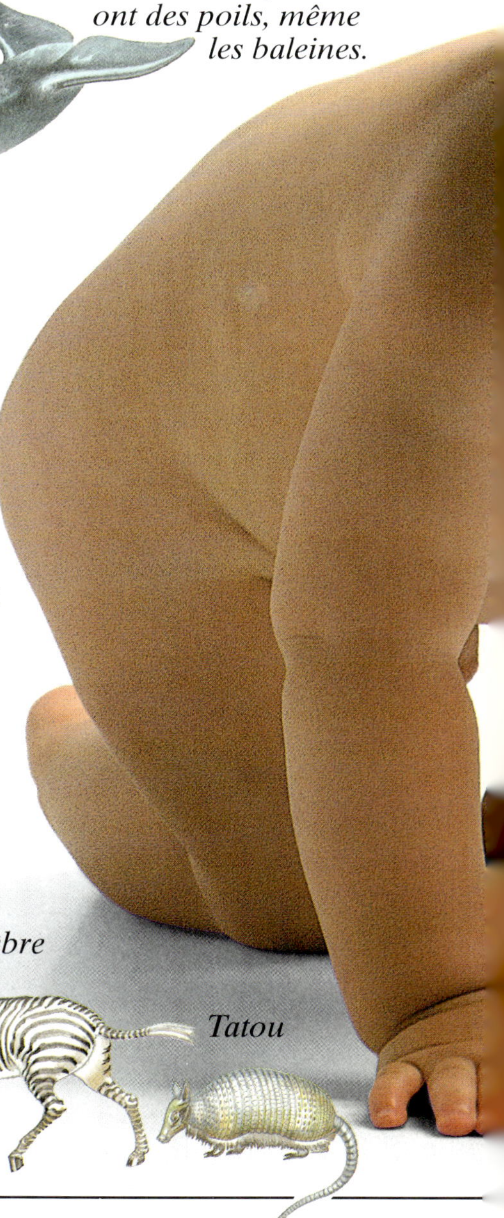

**Gros comme une maison**
Le plus gros mammifère est la baleine bleue. Elle pèse autant que 2 000 personnes.

**Plus petit qu'une souris**
Le plus petit mammifère est la pipistrelle naine. Ailes déployées, elle est deux fois plus petite que l'œil de la baleine bleue.

**Que de monde !**
On trouve des milliers d'espèces de mammifères. La plupart vivent sur terre mais certains habitent l'eau.

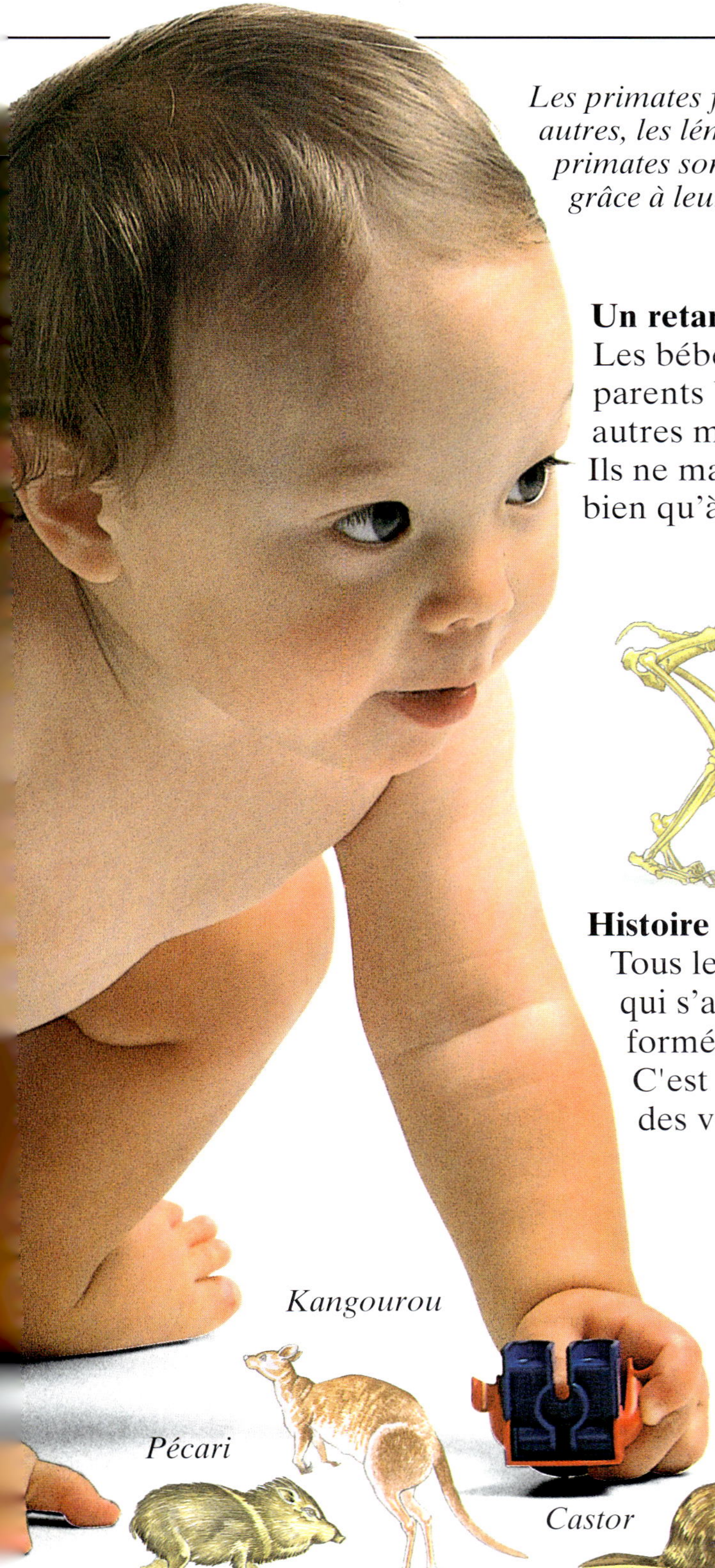

*Les primates forment un ordre qui comprend, entre autres, les lémuriens, les singes et l'homme. Certains primates sont très intelligents et apprennent vite, grâce à leur cerveau bien développé.*

**Un retardataire**

Les bébés humains ont besoin de leurs parents beaucoup plus longtemps que les autres mammifères – à part les éléphants. Ils ne marchent qu'à un an et ne parlent bien qu'à trois ou quatre.

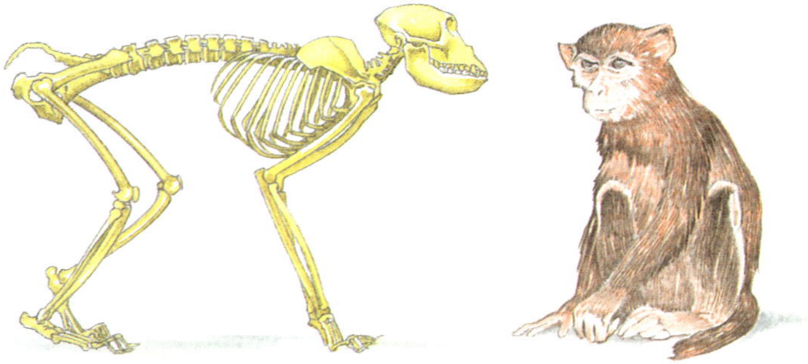

**Histoire d'os**

Tous les mammifères ont un squelette qui s'appuie sur la colonne vertébrale formée de petits os, les vertèbres. C'est pourquoi on les appelle des vertébrés.

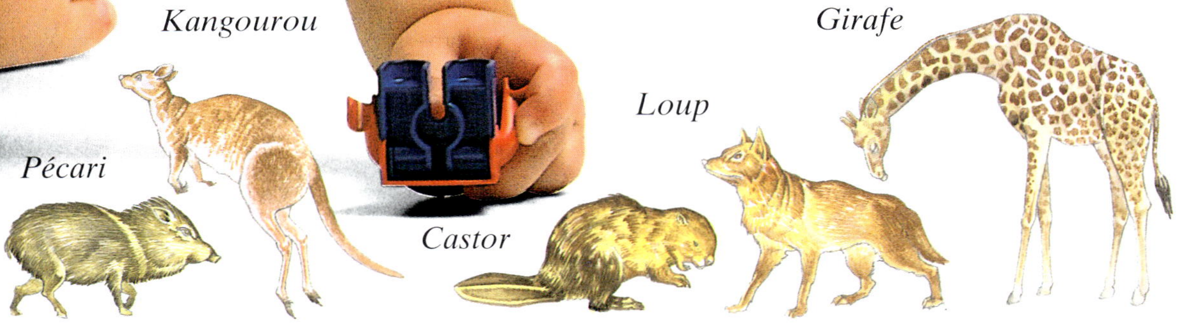

# Puissant éléphant

Le plus gros animal terrestre actuel est l'éléphant. Adulte, il peut peser autant qu'un petit camion chargé.

Eléphant d'Asie

*Les défenses d'éléphant sont des dents très allongées.*

*Regarde l'oreille de l'éléphant d'Asie. Elle rappelle la forme de l'Inde. A quoi te fait penser celle de l'éléphant d'Afrique ?*

**L'ami des hommes**
L'éléphant d'Asie est plus petit que l'éléphant d'Afrique. Il a une trompe plus longue mais des oreilles moins grandes. Domestiqué, il peut traîner des troncs d'arbres.

*Eléphant d'Afrique*

**Trompe à tout faire**
Avec sa trompe, qui est à la fois son nez et sa lèvre supérieure, l'éléphant sent, cueille sa nourriture et tâte ses amis. Il lance des jets d'eau, se douche, et s'en sert pour boire et même pour barrir.

**Entre elles**

Les femelles éléphants et leurs petits se rassemblent par famille. La femelle la plus respectable conduit le troupeau. Les mâles adultes vivent souvent seuls.

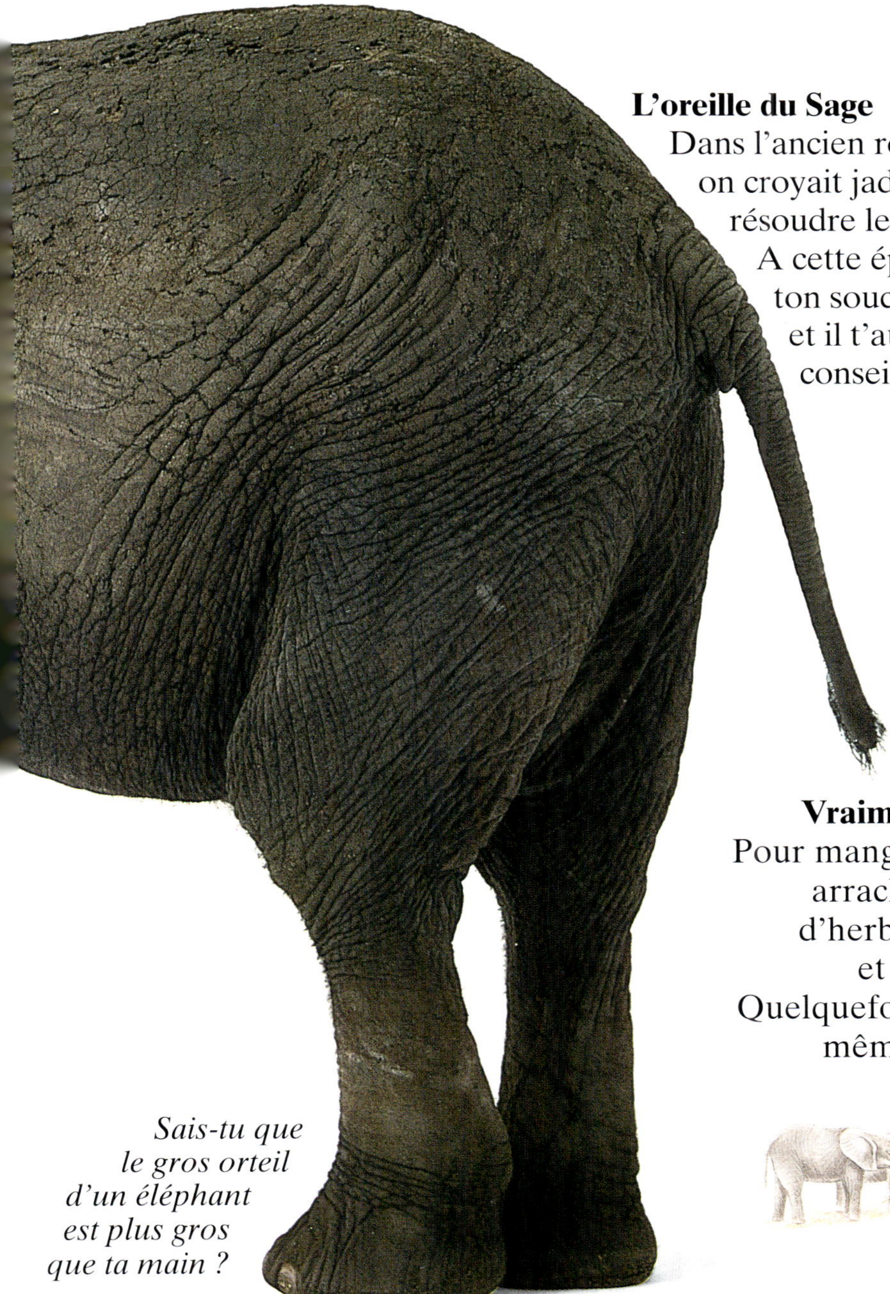

**L'oreille du Sage**

Dans l'ancien royaume du Siam, en Asie, on croyait jadis que l'éléphant savait résoudre les problèmes des hommes. A cette époque, tu aurais pu confier ton souci à sa grande oreille, et il t'aurait conseillé !

**Vraiment très fort !**

Pour manger, l'éléphant arrache des touffes d'herbe, des feuilles et des branches. Quelquefois, il déracine même des arbres !

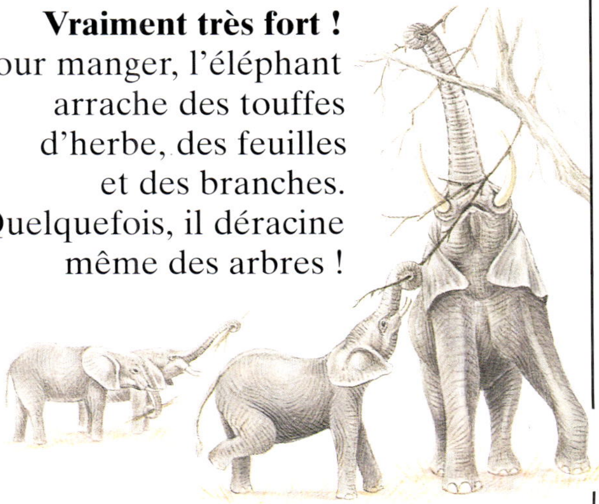

*Sais-tu que le gros orteil d'un éléphant est plus gros que ta main ?*

# La bosse du dromadaire

Le dromadaire vit dans le désert où il pleut rarement. Adapté à ce climat, il peut rester longtemps sans boire. Attention, ne confonds pas le chameau, qui a deux bosses, et le dromadaire, qui n'en a qu'une.

**Soif, moi ? Jamais !**
Un dromadaire est très sobre. Son corps utilise si peu d'eau qu'il peut rester dix jours sans boire mais il devient alors squelettique. Une bonne ration d'eau, et tout redevient normal.

**Insupportable !**
Les dromadaires sont utiles, mais ils sentent mauvais et ont parfois mauvais caractère.

**Une bête de somme**
Grâce au dromadaire, les hommes peuvent vivre dans le désert. Il transporte de lourdes charges, donne son lait et sa bonne laine épaisse.

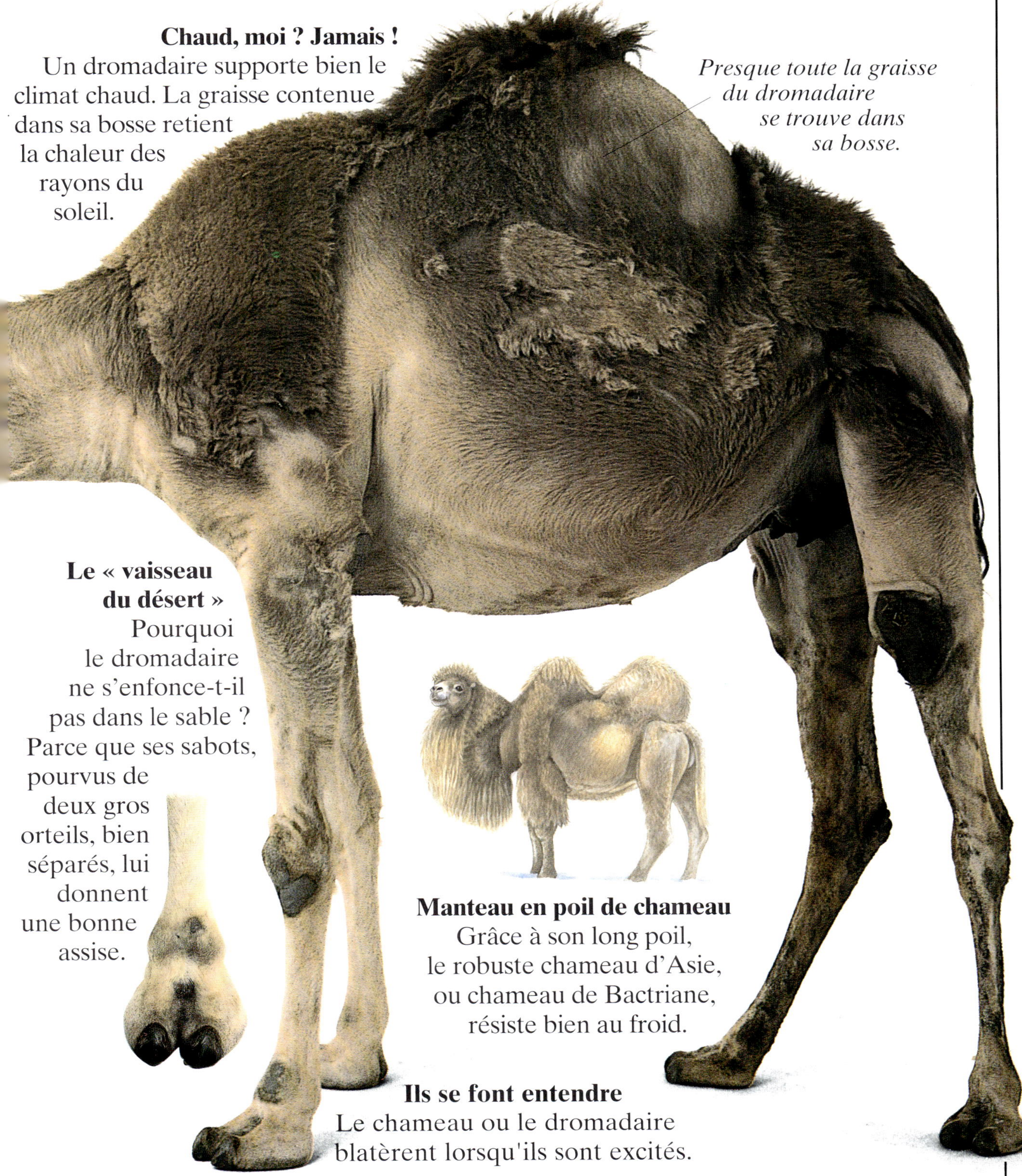

**Chaud, moi ? Jamais !**
Un dromadaire supporte bien le climat chaud. La graisse contenue dans sa bosse retient la chaleur des rayons du soleil.

*Presque toute la graisse du dromadaire se trouve dans sa bosse.*

**Le « vaisseau du désert »**
Pourquoi le dromadaire ne s'enfonce-t-il pas dans le sable ? Parce que ses sabots, pourvus de deux gros orteils, bien séparés, lui donnent une bonne assise.

**Manteau en poil de chameau**
Grâce à son long poil, le robuste chameau d'Asie, ou chameau de Bactriane, résiste bien au froid.

**Ils se font entendre**
Le chameau ou le dromadaire blatèrent lorsqu'ils sont excités.

# Maître renard

Bleu, argenté ou roux, le renard fait partie de la même famille que les chiens. Le jour, il dort dans son terrier, et la nuit, il sort chasser dans les champs et les bois.

**Une petite faim**
Le renard ne chasse pas seulement quand il a faim. Parfois, il fait aussi des provisions qu'il met dans des cachettes.

**Pitié pour les souris**
Difficile d'attraper une souris agile. Le renard s'approche à pas de loup puis il bondit et s'abat sur sa proie.

**Goupil le rusé**
Tu connais bien sûr la fable « Le corbeau et le renard » de La Fontaine. Te souviens-tu de l'habileté que déploya Renard pour rouler ce vaniteux corbeau et s'emparer de son fromage ?

*Le renard a l'oreille si fine qu'il peut entendre un ver se tortiller dans le champ voisin !*

## La tournée des poubelles

Les renards mangent de tout, des vers comme des poulets. Certains même se glissent en ville et fouillent dans les poubelles.

## Isatis, le renard bleu

Tous les renards ne sont pas roux. Le renard polaire, gris-bleu en été, devient tout blanc en hiver et passe inaperçu dans la neige.

## Quel bon père !

La mère renard donne naissance à une portée de cinq renardeaux. Elle veille sur eux tandis que le père va à la chasse. Mais tous deux jouent avec les petits pour leur apprendre à chasser et à se battre.

## Entre chien et loup

Le renard jappe, aboie et glapit comme le chien et hurle comme le loup.

# La mangeuse de fruits

Avec son museau poilu et ses grands yeux, cette étrange bête ressemble à un petit renard. En fait, c'est une chauve-souris roussette qui mange des fruits et vole comme un oiseau.

**Ça sent la banane !**
Certaines chauves-souris d'Amérique centrale adorent tellement les bananes mûres que les fermiers doivent cueillir les fruits encore verts. Mais le nez de l'animal flaire les fruits mûrs même à l'intérieur de la ferme !

**Night-club**
Les chauves-souris sont des créatures de la nuit. Le jour, elles dorment, suspendues tête en bas aux arbres et dans les grottes. De loin, on dirait des parapluies fermés.

**Presse-fruits**
La mangeuse de fruits a la bouche comme un presse-fruits. Avec sa langue, elle écrase les fruits contre les bords cornés de sa bouche. Quand le jus est pressé, elle recrache la peau et les pépins.

**A en perdre la tête**
Il y a plus de 800 espèces de chauves-souris dans le monde, dont 130 espèces de roussettes, comme cette mangeuse de fruits d'Egypte.

**Doigts volants**
L'aile est une fine membrane transparente de peau et de muscles. Elle relie les doigts de la main, les pattes avant et la queue.

**Écho, écho**
La chauve-souris chasse la nuit grâce à un système ingénieux. Elle pousse un cri : en heurtant un obstacle, ce son lui renvoie des vibrations qu'elle capte avec ses oreilles ultrasensibles.

**Soif de sang !**
En Amérique vivent des chauves-souris appelées vampires, comme Dracula. Elles boivent le sang… des cochons et des vaches, mais jamais celui des humains.

# Toujours fatigué, le paresseux

Le paresseux passe le plus clair de son temps suspendu à des branches, dans la forêt humide d'Amérique du Sud. Il bouge très lentement et ne se réveille que la nuit.

**Un nid de poux**
Les paresseux ne nettoient pas leur fourrure. Aussi se couvrent-ils d'une crasse verdâtre où nichent poux, chenilles et scarabées.

**Ce n'est pas son domaine**
Les pattes du paresseux ne sont pas faites pour marcher. S'il se retrouve sur le sol, ce qui n'arrive pas souvent, il doit se traîner à plat ventre.

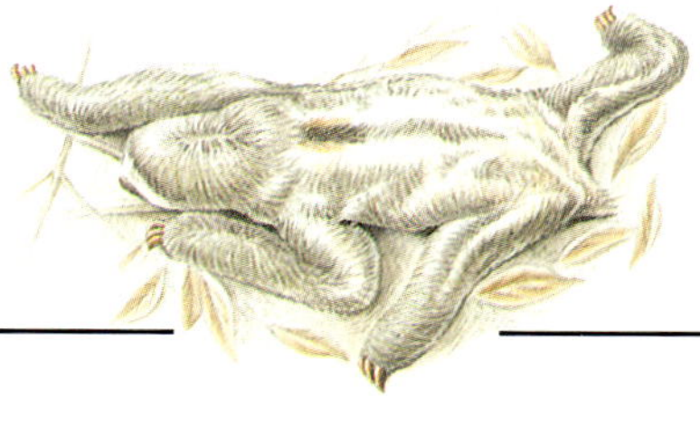

**Mais il nage !**

Il ne sait pas bien se laver, il ne sait pas bien marcher, mais il sait fort bien nager dans les rivières.

*Le paresseux a de larges griffes en forme de crochets pour se suspendre aux branches.*

*La fourrure du paresseux pend par derrière si bien que l'eau s'égoutte facilement.*

**Téter tête en bas**

Les mères paresseux donnent naissance à leurs bébés la tête en bas. Le petit rampe sur l'estomac de la maman, cherchant une tétine. Il se nourrit de lait pendant cinq ou six mois, le temps de pouvoir se suspendre tout seul.

# La loutre joueuse

Les loutres se sentent chez elles dans l'eau plutôt que sur terre. Beaucoup vivent dans les rivières et les lacs. La loutre marine passe même toute sa vie en mer. Toutes ont un long corps gracieux, une forte queue et nagent à merveille.

**Vive les cabrioles !**
Quel est le passe-temps préféré des loutres ? Faire du toboggan le long d'une pente boueuse et plonger dans la rivière.

**Plongée sous-marine**
Chez la plupart des espèces, les pattes postérieures sont palmées.

**Un lit d'algues**
La loutre marine dort dans l'eau, étendue sur le dos. Elle s'entortille dans des algues pour ne pas être emportée par le courant pendant son sommeil.

**Un matelas de bulles**
Cette loutre de rivière vit en Asie. Sa belle fourrure douce et soyeuse renferme des couches d'air qui lui tiennent chaud.

**A vos marques, prêts !**
Les loutres sont des nageuses rapides et gracieuses. Elles peuvent atteindre 15 kilomètres à l'heure à la nage.

**Dîner marin**
La loutre marine dîne en faisant la planche. Elle utilise sa poitrine comme une table et place dessus une pierre plate. Pour ouvrir palourdes et crabes, elle les casse contre cette pierre.

**Gourmande**
La loutre mange beaucoup, surtout du poisson et des fruits de mer. Grâce à ses longues moustaches, très sensibles, elle repère chaque mouvement de sa proie au fond de l’eau trouble. Quand elle attrape un gros poisson, elle l’emporte sur la rive pour le manger tranquillement.

*La loutre a une couche de graisse moins épaisse que celle d'autres animaux marins comme les phoques.*

# Minuscule saïmiri

Ces jolis petits singes vivent en bandes d'environ 500 dans les forêts d'Amérique du Sud. On peut les voir, au sommet des arbres, sauter de branche en branche comme des acrobates.

**Ils aiment la liberté**

Les saïmiris, appelés aussi singes-écureuils, sont de grands joueurs que l'on peut apprivoiser, mais qui sont très difficiles à garder en captivité.

*Sa longue queue lui sert de balancier quand il marche sur les branches.*

**Tout dans les doigts**

Avec ses longs doigts forts, le saïmiri s'agrippe bien aux branches. Mais ses pouces sont si éloignés du poignet qu'il ne peut s'en servir comme nous le faisons.

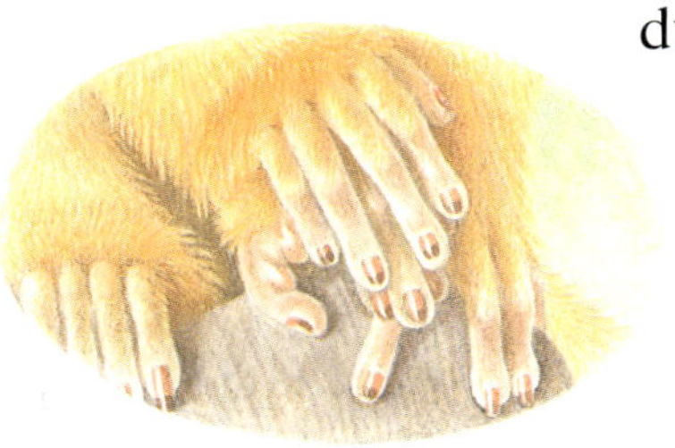

*Ce petit singe a, proportionnellement à son poids, le plus gros cerveau de tous les animaux.*

**Sur le dos de maman**

Accrochés à la fourrure de leur mère, les bébés singes se promènent sur son dos. Ils passent les premières semaines de leur vie à boire du lait et à dormir.

**Un menu équilibré**

Le saïmiri se nourrit de feuilles, de fruits et d'œufs d'oiseaux accompagnés d'insectes, d'araignées et, à l'occasion, de fleurs.

**Petit coup de peigne**

Le saïmiri ne plaisante pas avec la propreté. Il lèche et lisse sans cesse sa fourrure. Il se nettoie les pattes, le ventre et la queue avec les doigts, et se peigne le dos, la tête et derrière les oreilles avec les orteils.

# Bonhomme porc-épic

Cet inoffensif rongeur vit en Afrique, en Asie et dans le sud de l'Europe. Il est recouvert de piquants et possède de longues moustaches.

**Bébés piquants**
Les petits naissent avec des piquants tout mous qui ne deviennent durs que quelques jours plus tard.

**Bien élevés**
Les porcs-épics mangent proprement. Avec leurs pattes avant ils maintiennent la nourriture contre le sol et y plantent leurs grandes dents pointues.

**Corde d'amarrage**
Le porc-épic américain, d'une famille tout à fait différente, vit à la cime des arbres. Il s'accroche aux branches grâce à sa longue queue et à ses fortes griffes.

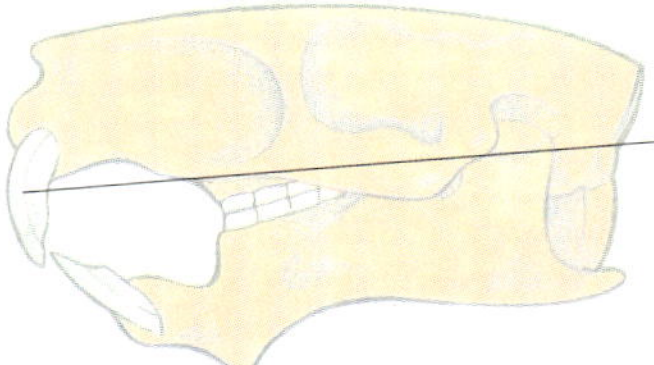


**Des dents toujours neuves**
Le porc-épic est un rongeur. Ses dents de devant, longues et tranchantes, mordillent bien. Elles repoussent au fur et à mesure qu'elles s'usent.

*Grâce à ses moustaches, le porc-épic africain retrouve son chemin dans son terrier obscur.*

## Une bonne défense

Les piquants du porc-épic se détachent facilement et pénètrent dans la peau de l'ennemi. Si la blessure s'infecte, même un gros animal comme le lion peut mourir.

## Pelote d'épingles

Menacé, le porc-épic tourne le dos à l'ennemi, fait cliqueter ses piquants, grogne et trépigne. Si l'intimidation échoue, il se retourne, hérissé comme une pelote d'épingles.

*Un porc-épic fouette l'air de la queue pour effrayer ses ennemis.*

## Coiffure punk

Les piquants sont des poils durs qui restent droits tout seuls, sans gel !

# Libre tigre

Les tigres sont les plus gros des félins. Ils vivent dans les forêts de l'Asie du Sud-Est. Pendant longtemps, ces animaux étaient chassés pour leur magnifique peau. À présent, la loi les protège.

**Un grand chasseur**
Le tigre flaire sa proie. Quand il l'a repérée, il s'approche d'elle en silence et l'attaque de côté ou par derrière. Il déchire le corps de l'animal avec ses griffes et plante ses crocs dans la gorge.

**La robe de bébé**
Comme les chatons, les bébés tigres naissent aveugles et édentés. Les rayures de leur robe sont encore claires. Elles s'assombriront au fur et à mesure qu'ils grandiront.

*Ce petit tigre n'a que 10 semaines mais, plus tard, ce sera un redoutable chasseur.*

**Mange-t-il l'homme ?**
En général, non. Mais s'il est vieux ou malade, il peut s'attaquer à lui.

**Un père attentif**

Pendant que la tigresse s'occupe des petits, le père rôde dans son territoire pour éloigner les autres tigres.

*Comme tous les félins, le tigre peut faire patte de velours. Il sort ses griffes quand il bondit sur sa proie.*

**Mutation**

Au bout de longues années au zoo, certains tigres perdent leur pelage rayé et deviennent blancs.

**Mangeur de grenouilles**

Les tigres sont de bons nageurs. S'ils ne trouvent pas de gros animaux à manger, ils plongent dans la rivière et attrapent du poisson ou même des grenouilles.

**Cache-cache**

Les rayures du tigre se confondent avec la lumière du soleil et les arbres de la forêt. Il peut ainsi se faufiler tranquillement jusqu'à sa proie sans être vu.

# Comment élever bébé

Les bébés mammifères se développent dans le ventre de leur mère, jusqu'à leur naissance. Ensuite, les parents s'occupent des petits tant qu'ils ne peuvent pas se débrouiller tout seuls.

**Mammifères bizarres d'Australie**
Les ornithorynques pondent des œufs. Les marsupiaux donnent naissance à des embryons très petits qui se réfugient aussitôt dans une poche. Mais comme tous les mammifères, leurs petits se nourrissent de lait.

**Dans la poche !**
L'adorable koala ressemble à un ourson en peluche, mais c'est un marsupial. A sa naissance, le bébé koala, tout rose, est petit comme un pois. Bien au chaud dans la poche maternelle, il s'accroche à sa tétine pendant cinq mois et tète. Il sera indépendant à 10 mois.

*Mère girafe et son girafeau*

**Des cornes à la naissance**
La girafe, qui vit en Afrique, est le plus haut animal sur terre. Lorsqu'il naît, le girafeau a déjà des cornes, qui durcissent au bout d'une semaine. Les jeunes mâles quittent le domaine où ils sont nés vers trois ou quatre ans.

**Œufs de mammifère**
L'ornithorynque fait penser à une loutre à bec de canard ! La femelle pond des œufs. Les petits lèchent le lait qui se répand dans le pelage de leur mère. Ils chercheront leur propre nourriture à l'âge de quatre mois.

*Une éléphante doit attendre 22 mois la naissance de son petit. Les autres animaux n'attendent pas si longtemps !*

| | Combien de petits a la mère ? | Le petit grandit dans son ventre pendant : | Il ne boit plus le lait de sa mère après : |
|---|---|---|---|
| **Homme** | 1 | 9 mois | 6-9 mois |
| **Eléphant d'Afrique** | 1 | 22 mois | 3-4 ans |
| **Dromadaire** | 1 | 14 mois | 9-18 mois |
| **Renard roux** | 4-6 | 7 semaines | 8-10 semaines |
| **Chauve-souris roussette** | 1-2 | 3-4 mois | 3-5 mois |
| **Paresseux** | 1 | 4-6 mois | 3-4 semaines |
| **Loutre d'Asie** | 1-5 | 2 mois | 3-4 mois |
| **Saïmiri** | 1 | 24-26 semaines | 5-6 mois |
| **Porc-épic africain** | 1-4 | 3-4 mois | 4-6 semaines |
| **Tigre des Indes** | 3-4 | 15 semaines | 3-5 mois |
| **Koala** | 1 | 25-30 semaines | 6-12 mois |

# Index

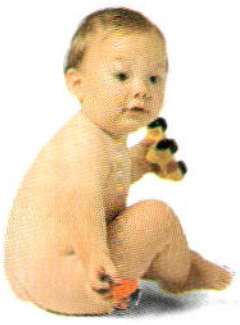

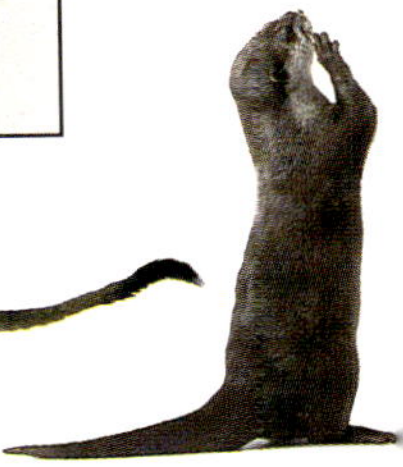

**Bébert, le dromadaire**

dans le désert
un dromadaire
une ou deux bosses
je ne sais plus
dort dans le sable
et son corps mou
fait une dune
de plus

*Chut ! les chouettes chuchotent,*
Martine Géhin

A l'école de la jungle, Robin est le plus coquin des singes ! Il ne pense qu'à s'amuser. Toi aussi ? Alors, découvre vite les jeux qu'il te propose. Qui sera le plus malin ?

## Le quizz des mammifères

Pour chaque question, il n'y a qu'une seule bonne réponse. Teste tes connaissances avec tes amis : sur une feuille, chacun porte le numéro de la question et la lettre de la réponse. Ensuite, compte le nombre de réponses exactes.

1 Le dromadaire peut marcher dans le désert sans boire pendant...

A. 3 semaines
B. 10 jours
C. 1 mois

2 La baleine bleue pèse autant que...

A. 200 personnes
B. 2 000 personnes
C. 20 personnes

3 Les défenses de l'éléphant sont...

A. Des cornes placées de chaque côté de la trompe
B. Des dents très longues
C. Des poils durs agglutinés en pointe

4 La chauve-souris dort...

A. En enroulant sa queue autour d'une branche
B. Tête en bas, suspendue par les pattes
C. Ailes repliées, blottie dans le creux d'un mur

5 La maman éléphant attend son petit...

A. 9 mois
B. 22 mois
C. 3 ans

6 Un seul de ces mammifères pond des œufs :

A. L'ornithorynque
B. La chauve-souris
C. La loutre

7 L'éléphant d'Asie et l'éléphant d'Afrique sont côte à côte : comment reconnais-tu l'éléphant d'Afrique ?

A. Il a la trompe plus courte et les oreilles plus grandes
B. Son gros orteil rappelle la forme de l'Afrique
C. Il a la queue plus courte et les oreilles en forme de l'Inde.

8 Le plus petit mammifère est...

A. La musaraigne
B. Le pécari
C. La pipistrelle naine

9 Un de ces trois animaux n'est pas un félin. Lequel ?

A. Le tigre
B. Le lion
C. Le renard

10 Un seul de ces animaux est un marsupial. Lequel ?

A. Le paresseux
B. Le saïmiri
C. Le kangourou

11 Lequel de ces mammifères tète sa maman le plus longtemps ?

A. Le renard
B. Le dromadaire
C. Le tigre

12 Le renard chasse...

A. Le matin
B. En fin d'après-midi
C. La nuit

**Réponses :**
1B. 2B. 3B. 4B. 5B.
6A. 7A. 8C. 9C. 10C. 11B. 12C.

## Connais-tu ces drôles d'expressions ?

Rusé comme un renard
Agile ou malin comme un singe
Courageux comme un lion
Jaloux comme un tigre
Rapide comme un lièvre

## A qui ressembles-tu ?

Si tu te souviens facilement des gens, des choses..., tu as une mémoire d'éléphant, mais si tu oublies vite, une mémoire de lièvre.
Si tu joues en même temps que tu apprends tes leçons, tu cours deux lièvres à la fois.
Quand tu as un fou rire, tu ris comme une baleine.

## Girafe ou chameau ?

Si tu es un grand maigre au long cou, tu es une girafe.
Quand tu ne fais rien d'utile, on dit que tu peignes la girafe !
Si tu es désagréable, tu es un vrai chameau.
Et si tu inventais d'autres expressions ?

## Pour connaître mon nom, déchiffre ce rébus.

## Qui suis-je ?

1 Mon premier s'enfile sur la jambe,
Mon second se tricote
Mon tout est un grand mammifère marin

2 Mon premier est un animal domestique
Mon second se trouve dans un dictionnaire
Mon tout est bossu

## Je suis un étrange animal, trouve mon nom.

## Puzzle

Syllabe 1 : é,
Syllabe 2 : lé,
Syllabe 3 : phant.
Avec du papier collant,
Tu obtiens un éléphant.
Syllabe 3 : phant,
Syllabe 1 : é,
Syllabe 2 : lé.
Si le colleur s'est trompé,
Eléphant est faon ailé.

Pierre Coran, *Puzzle*

## Devinettes

Pourquoi dit-on que les jeunes lions sont idiots ?
Parce que ce sont des lionceaux (lions sots)

Que dit Maman dromadaire à son petit quand il fait des bêtises ?
– Tu seras privé de désert...

Illustrations de Jean-Marie Renard  Supplément réalisé par Laurence Ottenheimer-Maquet.

## Méli-mélo zébré

Le photographe a mal cadré sa photo. Combien y a-t-il de zèbres dans ce troupeau ?

## Avec des rayures ou pas ?

Savez-vous quelle différence,
[puisque
Vous vous y connaissez, il existe
[entre un disque
Et un zèbre ? Eh bien, le disque
S'il n'est pas rayé, c'est musical
Et le zèbre, c'est un cheval.

Pierre Ferran (Verticales 12, N° 15-16, 1973)

## Connais-tu les cris de ces mammifères ?

Aide les 6 animaux dessinés à droite et à gauche à retrouver leur voix !

Je barris
Je feule
Je rugis
Je glapis
Je bêle
Je blatère

## Animots-croisés

En t'aidant des définitions, remplis la grille.
Dans une colonne verticale apparaîtra alors le nom d'un animal surprise.

**1** J'ai de longues moustaches et j'adore jouer dans l'eau
**2** Je suis le plus haut animal sur terre
**3** Je suis un rongeur, constructeur de digues
**4** Je suis la mère du lionceau
**5** Un peu de fromage ? Merci, j'en raffole. Qui suis-je ?

## Drôle de zoo

As-tu déjà rencontré un drôlmadaire, un rhinoféroce, un éléphantôme, un renarquois ? Peux-tu inventer d'autres animaux imaginaires ?
Par exemple : chameau + kangourou : un chagourou.
Dinosaure + gorille : un dinorille.
Dessine-les !

## Réponses

**Rébus** : *Porc-quai-pic-queue = porc-épic*
**L'étrange animal** : *Mare- sus-pie-la-mi = marsupilami*
**Qui suis-je ? 1** : *Bas-laine = baleine*
**2** : *Chat-mot = chameau*
**Méli-mélo** : *11 zèbres*
**Mots-croisés** : *1 Loutre - 2 Girafe - 3 Castor - 4 Lionne - 5 Souris.*
*Animal surprise : Tatou*
**Cris d'animaux** : *L'éléphant barrit, le lion rugit, le mouton bêle, le tigre feule, le renard glapit, le chameau blatère*

# Diorama : un paysage d'Afrique en relief !

**Il te faut :**
une boîte à chaussures,
de vieux magazines,
du carton,
des ciseaux,
de la colle,
des feutres de couleur ou de la peinture.

Pour faire la savane ou la forêt vierge, dessine sur l'intérieur de la boîte des arbres, des lianes, des herbes hautes, des fleurs multicolores...
Ajoute des fleurs séchées, des pommes de pin, de la mousse, tout ce que tu peux ramasser au cours d'une promenade.
Colle, sur du carton, des photos d'animaux (lions, singes, girafes, éléphants...) trouvés dans des journaux.
Découpe les animaux en laissant dépasser une petite patte de carton au bas de la photo pour fixer tes découpages.

Dispose-les dans la boîte selon ton imagination.
Mais attention ! Les plus grands doivent être dans le fond de la boîte, les plus petits, sur le devant.
Les chauves-souris se suspendent avec un fil et un petit ruban adhésif.
Tu peux aussi dessiner des animaux et même inventer d'autres décors : une ferme ou une banquise avec des ours et des phoques...

**Pour faire la pâte**

**1** Mélange le sucre, l'œuf et une pincée de sel dans un saladier avec une cuillère en bois pour obtenir une mousse.

**2** Verse la farine en une fois et mélange le tout doucement.
En soulevant la pâte avec les doigts et en l'effritant, fais du « sable ».

Illustrations de Jean-Marie Renard

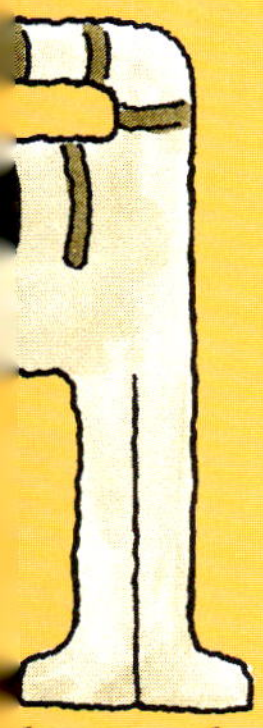

# Des girafes, des tigres et des pandas à croquer

Pour le goûter, voici une recette de sablés aux formes amusantes. Avec les quantités indiquées ici, tu obtiendras environ une vingtaine de petits sablés. Avant de commencer, rassemble tout le matériel. Pour faire les animaux (étapes 4, 5 et 6) il faut, surtout, lemander l'aide d'un adulte pour allumer, urveiller et éteindre le four. Bon appétit !

3 Verse le sable ur une planche et ose le beurre coupé n petits morceaux u centre. Malaxe ien l'ensemble our obtenir ne pâte souple.

### our faire es animaux

4 Demande à n adulte de faire nauffer le four 170 ° C hermostat 3). endant ce temps, upoudre de farine table et le rouleau, uis étale la pâte 1/2 centimètre 'épaisseur.

5 Décalque les modèles du tigre, de la girafe et du panda, découpe-les et pose-les sur la pâte. Avec la pointe du couteau, découpe pâte tout autour.

6 Dispose les animaux sur la plaque du four légèrement beurrée. Il faut la mettre en haut du four pendant 15 à 20 minutes. Quand les sablés prennent une belle couleur dorée, ils sont cuits. Laisse-les refroidir.

### Pour les rayures et les taches

7 Verse le sucre et le cacao dans un bol en les tamisant dans une passoire. Puis ajoute, petit à petit, une cuillère à soupe d'eau chaude, et mélange bien.

8 Avec un couteau, dessine les rayures ou les taches de chacun des animaux.

# Bizarres, de la tête aux pieds !

Chaque joueur dessine sur le haut d'une feuille la tête d'un mammifère de son choix, puis plie la feuille pour cacher son dessin, sauf les traits qui terminent le cou de l'animal. Chacun passe ensuite sa feuille au voisin de droite qui y dessine le corps. A chaque tour, la feuille est repliée. On dessine ensuite les pattes, puis les pieds. Sur les feuilles dépliées apparaîtront de bien étranges animaux !

# Le bal des baleines

Dessine sur du carton des baleines. Découpe soigneusement tes dessins, colorie-les et vernis-les avec du vernis à ongles transparent. Laisse-les bien sécher. Pour chaque baleine, fends un bouchon jusqu'à la moitié et coince l'animal dans la fente. Demande à un adulte de planter un clou assez long au milieu du bouchon, par en dessous. Avec de la pâte à modeler fixée au bout du clou, équilibre ton bouchon-nageur.

**1** Un léopard bondit de sa cachette ! Cours à la case 9.

## Le safari des explorateurs

Chaque explorateur prend un pion
d'une couleur différente et lance le dé
Celui qui a le plus grand nombre
de points commence. Chacun avance son

**26** En pirogue, tu traverses le fleuve. Avance de 3 cases. **30** Tu tombes dans un piège ! Retourne à la case départ.

**0** Aïe ! Tu marches sur un porc-épic. Va à l'hôpital, case 2. **23** Crevaison. Passe un tour.